Praghash Kumaresan

Análise do desempenho de RSSFs com roteamento baseado em árvore de cluster

Praghash Kumaresan

Análise do desempenho de RSSFs com roteamento baseado em árvore de cluster

Investigação de um protocolo de comunicação sem fios - nós móveis

ScienciaScripts

Imprint

Any brand names and product names mentioned in this book are subject to trademark, brand or patent protection and are trademarks or registered trademarks of their respective holders. The use of brand names, product names, common names, trade names, product descriptions etc. even without a particular marking in this work is in no way to be construed to mean that such names may be regarded as unrestricted in respect of trademark and brand protection legislation and could thus be used by anyone.

Cover image: www.ingimage.com

This book is a translation from the original published under ISBN 978-620-2-07075-1.

Publisher:
Sciencia Scripts
is a trademark of
Dodo Books Indian Ocean Ltd. and OmniScriptum S.R.L publishing group

120 High Road, East Finchley, London, N2 9ED, United Kingdom
Str. Armeneasca 28/1, office 1, Chisinau MD-2012, Republic of Moldova, Europe
Printed at: see last page
ISBN: 978-620-8-25084-3

Biografia dos autores:

Praghash.K de Sathankulam, Índia; nascido em 1992. Obteve o grau de bacharel em Engenharia Eletrónica e de Comunicações no Sree Sowdambika College of Engineering afiliado à Anna University, Chennai, Índia, em 2013, e obteve o grau de mestre em Sistemas de Comunicação no Francis Xavier Engineering College afiliado à Anna University Chennai, Índia, em 2105 e atualmente está a tirar o doutoramento em Ciências e Engenharia Informática na Anna University, Chennai, Índia, respetivamente.

É um dos investigadores da Direção do Ensino Técnico (DOTE), Tamilnadu. Foi secretário do conselho de estudantes do IEEE no Colégio de Engenharia Francis Xavier, Tirunelveli, Índia, durante o ano letivo de 2013-2015. Também é um revisor ativo em muitas revistas internacionais. Os seus actuais interesses de investigação incluem Roteamento Sem Fios, Consumo de Energia Nodal e Redes de Alta Velocidade, Sensores Sem Fios, Sistemas Flexíveis de Transmissão Sem Fios, Middleware IoT e QoS em Redes Sem Fios. Publicou várias revistas internacionais e participou em muitas conferências nacionais e internacionais do IEEE.

ÍNDICE DE CONTEÚDOS

LISTA DE ABREVIATURAS

CS	Compressive Sensing
CWS	Compressive Wireless Sensing
EDAL	Energy-efficient Delay-Aware Lifetime-balancing
LEACH	Low-Energy Adaptive clustering Hierarchy
LRR	Location –aware Random Routing
MST	Maximum Spanning Tree
NP	Non-deterministic Polynomial
OVR	Open Vehicle Routing
PEGASIS	Power-Efficient Gathering in Sensor Information Systems
RPFIH	Revised Push Forward Insertion Heuristics
TREEPSI	Tree-based Efficient Protocol for Sensor Information
WSN	Wireless Sensor Networks

CAPÍTULO 1

INTRODUÇÃO

Nos últimos anos, as redes de sensores sem fios (RSSF) surgiram como uma nova categoria de sistemas de ligação em rede com recursos limitados de computação, comunicação e armazenamento. Uma RSSF é constituída por nós implantados para detetar condições físicas ou ambientais para uma vasta gama de aplicações, como a monitorização ambiental, a deteção científica, a deteção de emergências, a vigilância no terreno e a monitorização estrutural. Nestas aplicações, o prolongamento do tempo de vida das RSSF e a garantia de atrasos na entrega de pacotes são factores críticos para alcançar uma qualidade de serviço aceitável.

Muitas aplicações de deteção têm em comum o facto de os seus nós de origem entregarem pacotes aos nós de destino através de múltiplos saltos, o que leva ao problema de encontrar rotas que permitam que todos os pacotes sejam entregues nos prazos exigidos, considerando simultaneamente factores como a eficiência energética e o equilíbrio da carga. Muitos esforços de investigação anteriores tentaram obter soluções de compromisso em termos de atraso, custo de energia e equilíbrio de carga para essas tarefas de recolha de dados.

A nossa principal motivação para este trabalho deriva do facto de os esforços de investigação recentes sobre problemas de encaminhamento de veículos abertos (OVR) se basearem geralmente em pressupostos e restrições semelhantes aos das redes de sensores. Especificamente, na investigação de OVR sobre transporte de mercadorias, o objetivo é distribuir as mercadorias aos clientes num tempo finito com o mínimo de custos de transporte. Naturalmente, se o atraso dos pacotes for tratado como o tempo de entrega das mercadorias e o custo da energia como o custo de entrega das mercadorias, poderá ser possível explorar os resultados da investigação num domínio para estimular o outro.

Este documento desenvolve o EDAL, um protocolo de recolha de dados com equilíbrio de tempo de vida consciente do atraso e eficiente em termos energéticos. Especificamente, o EDAL é formulado tratando o custo da energia na transmissão de pacotes em RSSFs de forma semelhante ao custo de entrega de mercadorias em OVR e tratando as latências dos pacotes de forma semelhante aos prazos de entrega. Em seguida, prova-se que o problema abordado pelo EDAL é NP-difícil.

Para reduzir o seu custo computacional, são introduzidas uma meta-heurística centralizada baseada na pesquisa tabu e uma heurística distribuída baseada na colónia de formigas para obter soluções aproximadas.

Um campo de deteção apresenta geralmente uma elevada correlação entre os dados medidos e pode ser compressível em alguns domínios de transformação. Assim, é possível enviar menos dados para o destino sem sacrificar a informação mais importante. Por conseguinte, é desejável cooperar entre os nós e processar os dados nas redes para que a carga de transporte possa ser reduzida.

A deteção compressiva (CS) constitui uma abordagem alternativa para a transmissão de dados correlacionados de forma eficiente. A deteção compressiva permite a recuperação de sinais com elevada probabilidade a partir de um pequeno número de projeções aleatórias, ou seja, combinações lineares aleatórias de medições, desde que o sinal seja esparso ou compressível em algum domínio. A deteção compressiva num cenário de recolha de dados, assume-se que os dados recolhidos pelo sumidouro estão espacialmente correlacionados.

CAPÍTULO 2

REVISÃO DA LITERATURA

2.1 VISÃO GERAL

Os artigos publicados sobre o transporte de custo mínimo da fonte para o nó de destino ajudaram a desenvolver este projeto, analisando os defeitos e utilizando as formas eficazes de todos os recursos disponíveis. O conceito dos artigos de referência e a forma como ajudaram a conceber este sistema são descritos nas subsecções seguintes.

[1] PROBLEMA DE ENCAMINHAMENTO DE VEÍCULOS COM JANELAS TEMPORAIS, PARTE I: CONSTRUÇÃO DE ROTAS E ALGORITMOS DE PESQUISA LOCAL

Este artigo apresenta um levantamento da investigação sobre o Problema de Encaminhamento de Veículos com Janelas de Tempo (VRPTW). O VRPTW pode ser descrito como o problema de conceber rotas de menor custo de um depósito para um conjunto de pontos geograficamente dispersos. Os itinerários devem ser concebidos de modo a que cada ponto seja visitado apenas uma vez por exatamente um veículo num determinado intervalo de tempo, todos os itinerários comecem e terminem no depósito e a procura total de todos os pontos num determinado itinerário não exceda a capacidade do veículo.

São examinados tanto os métodos heurísticos tradicionais de construção de rotas como os algoritmos recentes de pesquisa local [1]. O método heurístico é objeto de comparação com uma série de critérios relacionados com vários aspectos do desempenho do algoritmo, como o tempo de execução, a qualidade da solução, a facilidade de implementação, a robustez e a flexibilidade. Uma vez que os métodos heurísticos são, em última análise, concebidos para resolver problemas do mundo real, a flexibilidade é uma consideração importante. Um algoritmo deve ser capaz de lidar facilmente com alterações do modelo, das restrições e da função objetivo. Quanto à robustez, não deve ser demasiado sensível às diferenças nas caraterísticas do problema: uma heurística robusta não deve ter um desempenho fraco em nenhum caso.

Além disso, um algoritmo deve ser capaz de produzir boas soluções sempre que é aplicado a uma dada instância. Este aspeto deve ser realçado, uma vez que qualquer heurística é não-determinística e contém alguns componentes aleatórios, como valores de parâmetros escolhidos aleatoriamente. O resultado de execuções separadas destes métodos não determinísticos no mesmo problema nunca é, na prática, o mesmo. Este facto dificulta a análise e a comparação de resultados. As heurísticas de construção de rotas selecionam os nós sequencialmente até ser criada uma solução viável. A seleção dos nós baseia-se num critério de minimização dos custos. O método sequencial constrói uma rota de cada vez, enquanto o método paralelo constrói várias rotas simultaneamente. A combinação de rotas minimiza o custo de transporte.

[2] AMOSTRAGEM COMPRESSIVA DISTRIBUÍDA PARA OPTIMIZAÇÃO DO TEMPO DE VIDA EM REDES DE SENSORES SEM FIOS DENSAS

O problema da amostragem e da recolha de dados em redes de sensores sem fios (RSSF) está a tornar-se crítico à medida que são implantadas redes de maior dimensão. O aumento da dimensão da rede coloca desafios significativos à recolha de dados, no que respeita à coordenação da amostragem e da transmissão, bem como ao tempo de vida da rede. Os autores propõem um novo algoritmo para a compressão na rede com o objetivo de aumentar o tempo de vida da rede. Neste algoritmo, cada nó toma autonomamente uma decisão sobre o esquema de compressão e encaminhamento para minimizar o número de pacotes a transmitir. O CS utiliza uma matriz de compressão quase aleatória para comprimir os dados numa versão mais curta, cujo comprimento depende da escassez do sinal original. As técnicas de recolha e compressão de dados adoptadas na rede são:

1. Embalar e avançar (PF)

Pack & Forward é uma estratégia de segurança energética em que cada nó tenta encapsular os dados da forma mais eficiente possível [2], minimizando o número de pacotes de saída. O PF tira partido do facto de os nós da rede serem fixos no espaço e, assumindo que as tabelas de encaminhamento são construídas durante o arranque da rede, cada nó conhece o número de nós filhos.

2. Amostragem compressiva distribuída (DCS)

Quando a CS é utilizada em RSSF para obter a compressão de dados na rede, é designada por amostragem compressiva distribuída (DCS). Trata-se de uma abordagem poderosa para a compressão de dados em rede, uma vez que não requer qualquer informação sobre o sinal a comprimir e a codificação dos dados é efectuada em conjunto com o encaminhamento de forma distribuída.

O tempo de vida diminui com o aumento do número de nós [12]. O algoritmo misto minimiza o número de pacotes transmitidos por cada nó para poupar energia. Para reduzir o consumo de energia para a compressão, é utilizado o algoritmo modificado. Este algoritmo pode prolongar o tempo de vida da rede, conseguindo um compromisso entre o tráfego na rede e a energia gasta na compressão.

[3] ANÁLISE DA EFICIÊNCIA ENERGÉTICA DA DETECÇÃO COMPRESSIVA EM REDES DE SENSORES SEM FIOS

A melhoria do tempo de vida das redes de sensores sem fios (RSSF) está diretamente relacionada com a eficiência energética das operações de computação e comunicação nos nós sensores. A teoria da deteção compressiva (CS) sugere uma nova forma de detetar o sinal com um número muito menor de medições lineares em comparação com o caso convencional, desde que o sinal subjacente seja esparso. Este resultado tem implicações na eficiência energética das RSSF e no prolongamento do tempo de vida da rede [3].

Os efeitos da aquisição, processamento e comunicação de medições baseadas em CS no tempo de vida das RSSF são analisados em comparação com as abordagens convencionais. Os modelos de dissipação de energia para as abordagens CS e convencional são construídos e utilizados para construir uma estrutura de programação inteira mista que capta conjuntamente os custos de energia para computação e comunicação para as abordagens CS e convencional.

A análise numérica é efectuada através de uma amostragem sistemática do espaço de parâmetros. A dissipação de energia num nó típico de uma RSSF pode ser classificada em dois grupos: a dissipação de energia devido à computação e a dissipação de energia devido à comunicação. A dissipação de energia para computação é composta por três componentes principais:

1) Dissipação de energia na aquisição de dados
2) Dissipação de energia de fundo
3) Dissipação de energia para processamento

Por conseguinte, a dissipação da energia de computação pode ser a soma de todos os três componentes acima referidos.

A principal ideia subjacente à deteção compressiva consiste em detetar e adquirir o sinal de forma compressiva à sua taxa de informação. A deteção compressiva prolonga significativamente o tempo de vida da rede em comparação com as abordagens convencionais, desde que os sinais adquiridos sejam altamente esparsos e a densidade dos nós na rede não seja demasiado baixa.

[4] RECOLHA DE DADOS BASEADA EM ÁRVORES DE CLUSTERS EM REDES DE SENSORES SEM FIOS

As RSSF, constituídas por um grande número de pequenos sensores com transceptores de baixa potência, podem ser uma ferramenta eficaz para a recolha de dados numa variedade de ambientes. Uma vez que os nós sensores são implantados no campo de deteção, podem ajudar as pessoas a monitorizar e agregar dados. Os investigadores também tentam encontrar formas mais eficientes de utilizar a energia limitada dos nós sensores, a fim de prolongar o tempo de vida das RSSF. O tempo de vida da rede, a escalabilidade e o equilíbrio da carga são requisitos importantes para muitas aplicações de redes de sensores de recolha de dados. Por conseguinte, são introduzidos muitos protocolos para melhorar o desempenho.

O protocolo de encaminhamento multi-hop é bem conhecido pela poupança de energia na recolha de dados. Os investigadores utilizaram tipos como o baseado em clusters (por exemplo, LEACH, EERP), o baseado em cadeias (por exemplo, PEGASIS) e o baseado em árvores (por exemplo, TREEPSI) para estabelecer os seus protocolos de encaminhamento energeticamente eficientes.

1. LEACH

Protocolo LEACH (Low-Energy Adaptive clustering Hierarchy). O LEACH é um protocolo de encaminhamento baseado em clusters representativo. É também o primeiro protocolo proposto para redes de sensores sem fios e pode reduzir o consumo de energia ao evitar a comunicação direta entre o sink e os nós sensores [4]. Num campo de sensores, o nó sensor detecta os dados e envia-os para o sumidouro, o que se designa por ronda. O processo de trabalho do LEACH é concluído numa ronda. Antes de recolher os dados detectados em cada ronda, o grande número de nós sensores divide-se em vários clusters e escolhe um chefe de cluster aleatoriamente por auto-organização. Cada chefe de agrupamento é responsável pela recolha dos dados detectados pelos nós sensores no agrupamento.

2. PEGASIS

O PEGASIS (Power-Efficient Gathering in Sensor Information Systems) baseia-se num protocolo baseado em cadeias e difere do LEACH [7]. Esta proposta consiste em construir todos os nós sensores para formar uma cadeia de acordo com o algoritmo Greedy, segundo o qual a soma das arestas deve ser mínima nas redes de sensores sem fios. Na fase inicial, antes de cada ronda, têm de escolher um chefe de cadeia.

3. TREEPSI

O TREEPSI (Tree-based Efficient Protocol for Sensor Information) é um protocolo baseado em árvores que é diferente dos protocolos acima mencionados [4]. Antes da fase de transmissão de dados, as RSSFs selecionam um nó raiz entre todos os nós sensores.

[5] SELECÇÃO ÓPTIMA DE NÓS PARA LOCALIZAÇÃO DE ALVOS EM REDES DE SENSORES SEM FIOS

O objetivo da seleção de nós é otimizar o compromisso entre o consumo de energia das redes de sensores de câmaras sem fios e a qualidade da localização de alvos. Um algoritmo cooperativo de localização de alvos foi implementado em duas fases: 1) fase de deteção do alvo e 2) fase de localização do alvo.

Para a fase de deteção de alvos, desenvolveram um algoritmo de controlo de densidade baseado no ambiente de sondagem e na sonoplastia adaptativa (PEAS) para selecionar o subconjunto adequado de sensores de câmara implantados para manter a densidade desejada de nós no modo de deteção. Para a fase de localização, transformam o problema de seleção de nós num problema de otimização e propõem um algoritmo de seleção de nós ótimo para selecionar um subconjunto de sensores de câmara para estimar a localização de um alvo, minimizando o custo de energia.

A seleção dos nós pode basear-se nos nós que detectam o alvo com elevada probabilidade [5]. A partir do conjunto de nós, o nó do centro de fusão funde as medições para obter o máximo de informação. Em geral, existem dois critérios diferentes para definir o problema de seleção óptima: 1) utilidade máxima: maximiza a precisão da localização sob o custo especificado; 2) custo mínimo: minimiza o custo para atingir a precisão especificada da localização.

[6] RECOLHA COMPRESSIVA DE DADOS PARA REDES DE SENSORES SEM FIOS EM GRANDE ESCALA

Este documento apresenta um projeto completo para aplicar a teoria da amostragem compressiva à recolha de dados de sensores para redes de sensores sem fios em grande escala. A recolha de dados por compressão proposta consegue reduzir o custo de comunicação à escala global sem introduzir uma computação intensiva ou um controlo de transmissão complicado. A caraterística de equilíbrio de carga é capaz de prolongar o tempo de vida de toda a rede de sensores, bem como de sensores individuais. Este documento considera o problema da recolha de dados numa rede de sensores sem fios de grande escala. A transmissão de dados é efectuada através de encaminhamento multi-hop de nós sensores individuais para um sumidouro de dados. A correlação entre os nós sensores reduz o custo da comunicação [6].

De acordo com a utilização da correlação espacial, as técnicas de compressão de dados em rede são classificadas como compressão convencional e codificação de fonte distribuída. As técnicas de compressão convencionais utilizam a correlação durante o processo de codificação e requerem uma comunicação explícita de dados entre os sensores As técnicas de codificação distribuída pretendem reduzir a complexidade nos nós sensores e utilizar a correlação no sumidouro.

A deteção compressiva sem fios (Compressive Wireless Sensing - CWS) parece ser capaz de reduzir a latência da recolha de dados [13] numa rede de um único salto, fornecendo projecções lineares das leituras dos sensores através de transmissões analógicas sincronizadas com modulação de amplitude. Devido às dificuldades na sincronização analógica, a CWS é menos prática para redes de sensores de grande escala. Quando a amostragem compressiva é aplicada à compressão de dados em rede, trará uma série de benefícios semelhantes aos da codificação distribuída da fonte, incluindo um processo de codificação simples, a poupança de troca de dados entre nós e a dissociação da compressão do encaminhamento.

A recolha compressiva de dados comprime as leituras dos sensores para reduzir o tráfego global de dados e distribuir uniformemente o consumo de energia para prolongar o tempo de vida da rede. À semelhança da codificação de fonte distribuída, o padrão de correlação de dados deve ser utilizado no fim do descodificador. Além disso, a compressão e o encaminhamento são dissociados e, por conseguinte, podem ser optimizados separadamente.

[7] UM PROTOCOLO DE ENCAMINHAMENTO SENSÍVEL À ENERGIA EM REDES DE SENSORES SEM FIOS

A questão mais importante que tem de ser resolvida na conceção de um algoritmo de recolha de dados para redes de sensores sem fios (RSSF) é a forma de poupar energia aos nós sensores, satisfazendo simultaneamente as necessidades das aplicações/utilizadores. Neste artigo, é proposto um novo protocolo de encaminhamento consciente da energia (EAP) para uma rede de sensores de longa duração [7]. O EAP alcança um bom desempenho em termos de tempo de vida, minimizando o consumo de energia para comunicações na rede e equilibrando a carga de energia entre todos os nós. O EAP introduz um novo parâmetro de agrupamento para a eleição do chefe de agrupamento, que pode lidar melhor com as capacidades energéticas heterogéneas. Além disso, introduz também uma abordagem simples mas eficiente, nomeadamente, a cobertura intra-agrupamento para resolver o problema da cobertura da área. Utilizam uma aplicação simples de deteção de temperatura para avaliar o desempenho do EAP e os resultados mostram que este protocolo supera significativamente o LEACH e o HEED em termos de tempo de vida da rede e da quantidade de dados recolhidos.

O algoritmo de agrupamento LEACH parte do princípio de que os nós sensores são homogéneos e iguais. No entanto, na realidade, é difícil garantir isso [4]. Além disso, de acordo com a escala da rede de sensores, a percentagem óptima de chefes de agrupamento tem de ser determinada antecipadamente. Por conseguinte, o LEACH não se pode adaptar a alterações nas redes de sensores, como a adição, remoção e transferência de nós sensores; no entanto, a percentagem de chefes de agrupamento afecta consideravelmente a eficiência da recolha de dados. Por último, um chefe de agrupamento tem de difundir o seu próprio anúncio a toda a rede de sensores na fase de formação de agrupamentos do LEACH, causando assim outra utilização ineficiente da energia.

O HEED é um algoritmo de agrupamento distribuído, híbrido e eficiente em termos energéticos, mas necessita de múltiplas transmissões para a formação de agrupamentos e, por conseguinte, consome mais energia [7]. O EECS elege os chefes de agrupamento, que devem ser os nós com mais energia residual, de forma distribuída, através da comunicação local por rádio, sem iteração, alcançando uma boa distribuição dos chefes de agrupamento.

[8] SOBRE EFICIÊNCIA ENERGÉTICA NO RASTREAMENTO COLABORATIVO DE ALVOS EM REDES DE SENSORES SEM FIO: UMA REVISÃO

Os esquemas de seguimento de alvos com eficiência energética propõem uma nova classificação de esquemas que se baseiam na interação entre o subsistema de comunicação e o subsistema de deteção num único nó sensor. Estão interessados no seguimento colaborativo de alvos em vez do seguimento de um único nó [8]. De facto, as RSSF são frequentemente de natureza densa e os dados redundantes que podem ser recebidos de vários sensores ajudam a melhorar a precisão do seguimento e a reduzir o consumo de energia, utilizando alcances de deteção e comunicação limitados.

A eficiência energética num esquema colaborativo de localização de alvos baseado em RSSF pode ser alcançada através de duas classes de métodos: métodos relacionados com a deteção e métodos relacionados com a comunicação. Estas duas classes podem ser relacionadas entre si através de um algoritmo de previsão para otimizar as operações de comunicação e deteção. Ao auto-organizar a RSSF em árvores e/ou clusters e ao selecionar para ativação os nós mais adequados para a tarefa de seguimento, o algoritmo de seguimento pode reduzir o consumo de energia nas camadas de comunicação [8] e de deteção.

Deste modo, os parâmetros da rede (taxa de amostragem, período de despertar, dimensão do agrupamento, profundidade da árvore, etc.) são adaptados à dinâmica do alvo (posição, velocidade, direção, etc.). Para além desta classificação geral, os autores discutem também uma classificação especial de alguns protocolos que partem de pressupostos específicos sobre a natureza do alvo e/ou utilizam hardware "não normalizado" para efetuar a deteção.

O método proposto minimiza o consumo de energia e melhora a exatidão dos dados, relacionando a eficiência energética com as operações de deteção e comunicação. A exatidão dos dados pode ser expressa como a precisão das estimativas ou a quantidade de dados extraídos da RSSF, tendo em conta um determinado orçamento energético da rede.

[9] ALGORITMOS PARA OS PROBLEMAS DE ENCAMINHAMENTO E

PROGRAMAÇÃO DE VEÍCULOS COM RESTRIÇÕES DE JANELA TEMPORAL

O problema de encaminhamento de veículos (VRP) consiste na conceção de um conjunto de rotas de veículos de custo mínimo, com origem e destino num depósito central, para uma frota de veículos que serve um conjunto de clientes com pedidos conhecidos. Cada cliente é atendido exatamente uma vez e, além disso, todos os clientes devem ser atribuídos a veículos sem exceder as suas capacidades. Na presença de janelas temporais, os custos totais de encaminhamento e programação incluem não só os custos totais de distância e tempo de deslocação considerados para os problemas de encaminhamento [9], mas também o custo do tempo de espera incorrido quando um veículo chega demasiado cedo a um cliente ou quando o veículo é carregado ou descarregado. Descreve vários métodos heurísticos para a solução do VRSPTW.

1. Guardar Heurísticas:

Unir dois clientes muito próximos em termos de distância mas muito afastados no tempo. Estas ligações introduzem longos períodos de espera, que podem ter um custo de oportunidade elevado, uma vez que o veículo poderia estar a servir outros clientes em vez de, por exemplo, esperar que um cliente abrisse.

2. Uma heurística do vizinho mais próximo, orientada para o tempo:

Para cada iteração subsequente, a heurística procura o cliente mais próximo do último cliente adicionado à rota. Esta pesquisa é efectuada entre todos os clientes que podem ser adicionados ao final da rota emergente. A heurística do vizinho mais próximo inicia cada rota encontrando o cliente sem rota mais próximo do depósito. É iniciada uma nova rota sempre que a pesquisa falha, a menos que não haja mais clientes para programar.

3. Heurística de inserção:

Depois de inicializar o itinerário atual, o método utiliza dois critérios, $cl(i, u, j)$

e c2(i, u, j), em cada iteração para inserir um novo cliente u no itinerário parcial atual, entre dois clientes adjacentes i e j no itinerário. Este tipo de heurística de inserção tenta maximizar o benefício derivado de servir um cliente no itinerário parcial que está a ser construído em vez de num itinerário direto.

[10] UM ALGORITMO DE ENCAMINHAMENTO BASEADO EM FORMIGAS ENERGETICAMENTE EFICIENTE PARA REDES DE SENSORES SEM FIOS

Os protocolos de encaminhamento baseados em formigas podem contribuir significativamente para ajudar a maximizar o tempo de vida da rede, mas isso só é possível através de um algoritmo adaptável e equilibrado. Este artigo apresenta um novo protocolo com restrições energéticas, o protocolo Energy-Efficient Ant-Based Routing (EEABR), que se baseia na heurística Ant Colony Optimization para as restrições das RSSF [10].

Nas redes de pacotes com entrega atempada, um algoritmo de encaminhamento tenta encontrar o caminho mais curto entre dois dispositivos distintos, o que pode ser feito facilmente escolhendo o caminho com menos saltos de comunicação. Está provado que as tarefas realizadas pelos nós sensores que estão relacionadas com as comunicações gastam muito mais energia do que o processamento de dados e a gestão da memória. Uma vez que uma das principais preocupações nas RSSF é maximizar o tempo de vida da rede, o que significa poupar o máximo de energia possível, seria preferível que o algoritmo de encaminhamento pudesse efetuar o máximo de processamento possível nos nós da rede, em vez de transmitir todos os dados através das formigas para o nó-sininho para aí serem processados.

Para implementar estas ideias, a memória de cada formiga é reduzida a apenas dois registos, os dois últimos nós visitados. Uma vez que o caminho percorrido pelas formigas já não se encontra nas suas memórias, é necessário criar uma memória em cada nó que guarde o registo de cada formiga que foi recebida e enviada. Cada registo de memória guarda o nó anterior, o nó avançado, a identificação da formiga [12] e um valor de timeout. Sempre que uma formiga de encaminhamento é recebida, o nó olha para a sua memória e procura a identificação da formiga para um possível loop. Se não for encontrado nenhum registo, o nó guarda a informação necessária, reinicia um temporizador e reencaminha a formiga para o nó seguinte. Se for encontrado um registo, a formiga é eliminada. Quando um nó recebe uma formiga para trás, procura na sua memória o nó seguinte para onde a formiga deve ser enviada. O temporizador é usado para apagar o registo que identifica a formiga que regressou, se por algum motivo a formiga não chegar a esse nó dentro do tempo definido pelo temporizador. Estas formigas especiais minimizam as cargas de comunicação e maximizam a poupança de energia, contribuindo para aumentar o tempo de vida da rede sem fios.

[11] AGREGAÇÃO DISTRIBUÍDA E COMPRESSIVA DE DADOS EM REDES DE SENSORES SEM FIOS DE GRANDE ESCALA

Neste documento, propõem um algoritmo distribuído que utiliza a minimização local para construir dinamicamente um caminho de encaminhamento para reduzir o tráfego de dados para agregação baseada em amostragem compressiva. Este algoritmo não requer o conhecimento omnisciente da topologia global da rede e incorre numa sobrecarga muito menor do que a solução quase óptima, pelo que é mais adequado para aplicações práticas [11].

As técnicas de amostragem compressiva (CS) fornecem um esquema de amostragem universal sem informação de correlação espacial e uma recuperação completa dos dados sensoriais no domínio esparso. Ao incorporar o encaminhamento e a SC, estas técnicas agregam dados de outros nós para reduzir o tráfego de dados. Dois algoritmos distribuídos para construir o caminho de agregação de dados compressivos são o Shortest Path Tree e o Minimum Relay Tree.

   1. A árvore do caminho mais curto (SPT)

Se considerarmos os nós de uma RSSF como vértices e cada ligação sem fios entre dois nós vizinhos como uma aresta, a RSSF pode ser considerada naturalmente como um grafo. A sua Árvore do Caminho Mais Curto (SPT) é composta pelos caminhos mais curtos desde o sumidouro até todos os nós de uma RSSF. A primeira fase da construção da SPT consiste em calcular a distância do caminho mais curto de todos os nós até ao sumidouro. A segunda fase da construção da SPT consiste em encontrar as arestas da árvore de caminhos curtos.

2. A árvore de retransmissão mínima (MRT)

Por outro lado, com base na abordagem distribuída que difunde mensagens com um mínimo de nós de retransmissão, propõem uma estratégia semelhante para recolher dados sensoriais com um mínimo de nós de retransmissão. Esta estratégia utiliza um algoritmo distribuído para determinar localmente o conjunto mínimo de recolha de vizinhos para cada nó x. Antes de construir a árvore de retransmissão mínima, cada nó tem de recolher a informação dos vizinhos de dois saltos. Uma mensagem LINK com um sinal de EXECUÇÃO é utilizada para notificar um nó para definir o seu pai e para determinar se deve ou não executar o algoritmo de construção da árvore.

[12] EDAL: UM PROTOCOLO DE RECOLHA DE DADOS EFICIENTE EM TERMOS ENERGÉTICOS, SENSÍVEL AO ATRASO E COM EQUILÍBRIO DE VIDA PARA REDES DE SENSORES SEM FIOS HETEROGÉNEAS

As redes de sensores sem fios heterogéneas têm diferentes configurações, como diferentes prazos, larguras de banda e níveis de potência. Para diferentes tipos de nós, a largura de banda de rádio e a potência de transmissão são diferentes. Assume-se que todas as ligações são bidireccionais e a cada uma está associada uma qualidade de ligação [12]. Para realizar as tarefas de deteção, há nós selecionados como fontes. Todos os pacotes devem ser enviados para o sumidouro dentro do prazo requerido, em que diferentes tipos de nós têm os seus próprios requisitos de prazo. A função objetivo das tarefas de entrega é que todos os pacotes têm de ser entregues com o custo total mínimo. Esta métrica de tempo de vida da rede é calculada como o rácio entre o tempo de vida da rede dos diferentes algoritmos e o tempo de vida da rede do MST, que é considerado a unidade padrão.

O tempo de vida de um nó é definido como o tempo que demora a esgotar a sua energia. O algoritmo proposto era uma heurística centralizada para reduzir o seu custo computacional e uma heurística distribuída para tornar o algoritmo escalável para operações de rede em grande escala. O EDAL pode ser estreitamente integrado com a deteção compressiva [13], uma técnica emergente que promete uma redução considerável do custo total do tráfego para a recolha de leituras de sensores com limites de atraso pouco rigorosos.

[13] ANÁLISE DE ENERGIA E LATÊNCIA PARA COMPUTAÇÃO EM REDE COM DETECÇÃO COMPRESSIVA EM REDES DE SENSORES SEM FIOS

Este artigo explica a recolha de dados com deteção compressiva na perspetiva da computação em rede, nas redes aleatórias. O desempenho da computação em rede com deteção compressiva em termos de consumo de energia e latência é apresentado de forma centralizada e distribuída. Para a abordagem centralizada, propõem um protocolo baseado em árvores [13] para calcular a função linear aleatória multirredonda. Para a abordagem distribuída, propõem uma abordagem baseada em boatos e estudam o desempenho da energia e da latência através de uma análise teórica.

Um protocolo baseado em árvore é o cálculo de uma função linear aleatória multirredonda. A área quadrada unitária é dividida em células; cada célula tem nós com elevada probabilidade. O protocolo efectua cálculos intra-célula e inter-célula para entregar os resultados fundidos dos nós ao sumidouro. Existem dois protocolos diferentes: o protocolo intra-célula e o protocolo inter-célula. No protocolo intra-célula, um nó em cada célula é selecionado aleatoriamente como cabeça de célula. Cada nó transmite os dados para o chefe de célula na mesma célula. No protocolo intercelular, o sistema requer uma projeção aleatória da fonte para o sumidouro.

O algoritmo Gossip [12] é explicado com o escalonamento de células. Em cada intervalo de tempo, uma célula de uma supercélula é activada e um nó da célula é selecionado aleatoriamente como cabeça de célula. O chefe de célula difunde uma mensagem a uma distância r(n) dele. Quando os nós vizinhos recebem a mensagem, é formado um grupo com o chefe de célula como chefe do grupo e os nós vizinhos como membros do grupo. Em seguida, os nós vizinhos efectuam cálculos e transmitem os resultados à cabeça do grupo.

O chefe de grupo recolhe todos os valores destes nós vizinhos, calcula o valor médio e transmite-o aos nós vizinhos. Os nós vizinhos recebem o valor médio e actualizam os seus valores com ele. Quando os resultados do cálculo estão dentro de um determinado intervalo de precisão desejado, o algoritmo de difusão pára e continua a calcular a próxima projeção aleatória.

[14] SOBRE A CAPACIDADE E O ATRASO DA RECOLHA DE DADOS COM DETECÇÃO COMPRESSIVA EM REDES DE SENSORES SEM FIOS

A deteção compressiva (CS) fornece um novo paradigma para a recolha eficiente de dados em redes de sensores sem fios (RSSF). A teoria da CS permite reconstruir todos os dados dos sensores da rede, recolhendo apenas um pequeno número de medições num sumidouro. Neste artigo, os autores consideram um cenário em que um sumidouro recolhe dados de sensores espacialmente correlacionados de n nós de sensores distribuídos aleatoriamente numa região [14]. Constroem um esquema de agendamento e encaminhamento baseado em CS para recolha de dados em RSSFs.

O atraso da recolha de dados é o tempo decorrido entre o momento em que um instantâneo é tirado pelos nós sensores e o momento em que o sumidouro dispõe de todos os dados para reconstruir o instantâneo. A taxa de utilização da recolha de dados é o número de intervalos de tempo que o sumidouro deve necessitar para receber uma imagem. A capacidade de recolha de dados é a taxa máxima a que um sumidouro recebe um instantâneo.

1. Esquema de programação para recolha de dados

Considere o caso da recolha de dados com um único sumidouro numa rede de sensores sem fios. Suponha-se que o sumidouro está localizado na célula. É utilizado um esquema de programação de células K^2-TDMA. Neste esquema, utilizam-se K^2 cores para programar as transmissões das células. Cada intervalo de tempo correspondente a cada cor é atribuído a uma das K^2 células numa supercélula, que é composta por K x K células. Os nós com a mesma cor c nas supercélulas podem transmitir simultaneamente sem interferência.

2. Esquema de encaminhamento com CS

Considere o esquema de encaminhamento para recolha de dados numa rede de sensores sem fios. A área quadrada unitária está dividida em linhas e colunas de células. Suponha-se que o sumidouro s está localizado na célula (u, v). O esquema de encaminhamento proposto para a recolha de dados tem três fases. Na primeira fase, é designado um chefe de célula para recolher os dados dos nós vizinhos na mesma célula. Na segunda fase, os pacotes enviados pelos chefes de célula são retransmitidos ao longo das colunas para as células da linha v^{th} de forma compressiva. Na terceira fase, os pacotes nas v^{th} células em linha são retransmitidos ao longo da linha para o sumidouro.

CAPÍTULO 3

SISTEMA ACTUAL

3.1 VISÃO GERAL DO SISTEMA

Os esforços no domínio do problema do encaminhamento de veículos abertos (OVR) baseiam-se em pressupostos e restrições semelhantes aos das redes de sensores. Assim, estas técnicas são adaptadas de modo a fornecer soluções valiosas para certos problemas complicados nas redes de sensores sem fios (RSSF). O protocolo utilizado é o EDAL (Energyefficient Delay-aware Lifetime-balancing data collection), que aproveita um resultado do OVR para provar que a formulação do problema é NP-hard. Assim, as heurísticas centralizadas para reduzir a sobrecarga computacional e as heurísticas distribuídas tornam o algoritmo escalável para operações de rede em grande escala.

3.2 RECOLHA DE DADOS POR CLUSTERS

Na técnica de agrupamento, uma área quadrada unitária é dividida em células. Cada célula contém os nós com elevada probabilidade. Em cada célula, um nó é selecionado aleatoriamente como cabeça de célula. Dois protocolos diferentes são o protocolo intra-célula e o protocolo inter-célula. No protocolo intracelular, cada nó transmite dados à cabeça de célula na mesma célula. No protocolo intercelular, é necessária uma projeção aleatória para transmitir da fonte para o sumidouro.

Cada cabeça de célula recolhe os dados da sua célula específica e a cabeça de agrupamento recolhe todos os dados das cabeças de célula. O coletor móvel é utilizado para recolher estes dados obtidos a partir da cabeça do agrupamento e transmiti-los à estação de base.

3.2.1 Vantagens do agrupamento

- Transmitir dados agregados para o sumidouro de dados, reduzindo o número de nós que participam na transmissão

-Consumo de energia útil

-Escalabilidade   para um grande número de nós

-Reduz a   sobrecarga de comunicação, tanto para um como para vários saltos

O desempenho do C-EDAL e do D-EDAL é comparado com duas linhas de base de encaminhamento: o encaminhamento por árvore de extensão mínima (MST) e o encaminhamento aleatório com conhecimento da localização (LRR). O encaminhamento por Minimum Spanning Tree (MST) é um algoritmo de encaminhamento convencional muito utilizado nas RSSF, em que se constrói uma árvore de abrangência mínima para recolher os dados até ao ponto de chegada. O algoritmo de encaminhamento aleatório consciente da localização (LRR) funciona de forma semelhante ao EDAL, no sentido em que também se concentra na recolha de dados de um subconjunto de fontes.

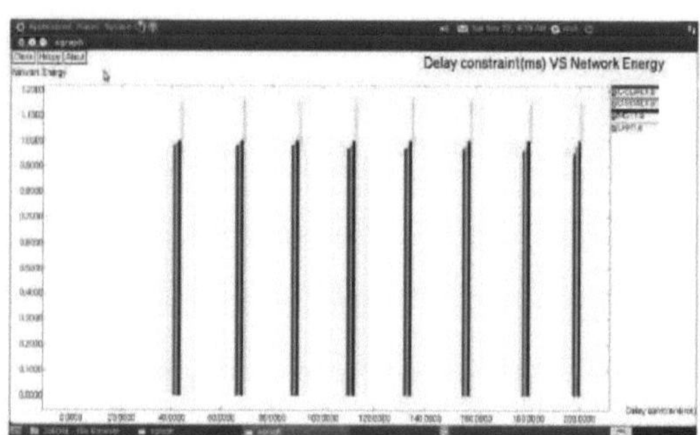

Fig 3.1 Atraso Vs Consumo de energia da rede

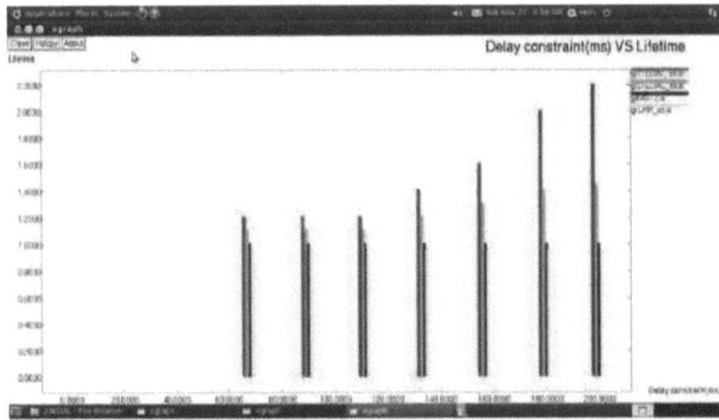

Fig 3.2 Atraso Vs Tempo de vida

Integra também um nível de aleatoriedade na sua conceção, o que torna a comparação particularmente interessante. Como o objetivo do EDAL é ligar todos os nós de origem com um custo total mínimo, sob a restrição de que pretende alcançar um equilíbrio entre os requisitos de atraso dos pacotes e o equilíbrio do tempo de vida.

3. 3VANTAGENS

-Melhora   a eficiência energética

-Proporciona   uma vida útil equilibrada

-Requisito   de atraso mínimo

    -O algoritmo heurístico   melhora o desempenho e a estabilidade do sistema

-O agrupamento   proporciona uma cobertura de área alargada

3.4 DESVANTAGENS

Não fornece uma rede fiável garantida em termos de

-Mobilidade

-Ligação de extremo a extremo

CAPÍTULO 4

SISTEMA PROPOSTO

4.1 REDES DE SENSORES SEM FIOS

As redes de sensores sem fios (RSSF) são constituídas por sensores autónomos distribuídos espacialmente para monitorizar as condições físicas ou ambientais, como a temperatura, o som, a pressão, etc., e para transmitir cooperativamente os seus dados através da rede para um local principal. As redes mais modernas são bidireccionais, permitindo também o controlo da atividade dos sensores. O desenvolvimento das redes de sensores sem fios foi motivado por aplicações militares, como a vigilância de campos de batalha; atualmente, essas redes são utilizadas em muitas aplicações industriais e de consumo, como a monitorização e o controlo de processos industriais, a monitorização do estado das máquinas, etc.

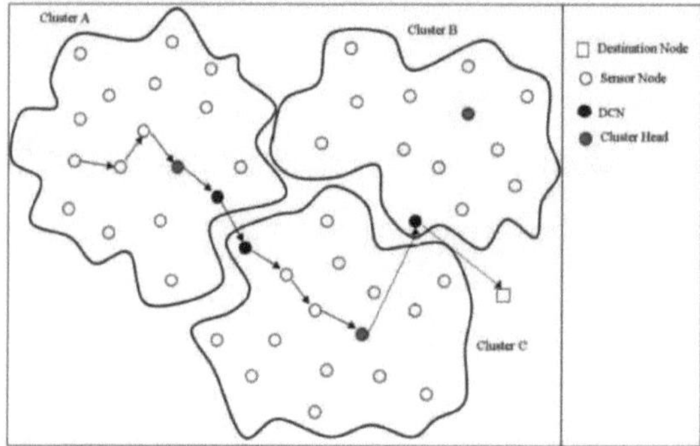

Figura 4.1 Redes de sensores sem fios com recolha de dados em árvore de clusters

Uma rede de sensores sem fios é constituída por protocolos e algoritmos com capacidades de auto-organização. A RSSF é constituída por "nós" de algumas a várias centenas ou mesmo milhares, em que cada nó está ligado a um ou, por vezes, a vários sensores. Cada nó de uma rede de sensores tem normalmente vários elementos: um transmissor-recetor de rádio com uma antena interna ou ligação a uma antena externa, um microcontrolador, um circuito eletrónico para ligação aos sensores e uma fonte de energia, normalmente uma bateria ou uma forma integrada de captação de energia.

4.1.1 Redes de sensores sem fios heterogéneas

As redes de sensores sem fios heterogéneas (RSSF heterogéneas) são constituídas por nós de sensores com diferentes capacidades, tais como diferentes capacidades de computação, prazos e alcance de deteção. Há um grande número de nós sensores heterogéneos espalhados por uma vasta área. Em comparação com as RSSF homogéneas, a implantação e o controlo da topologia são mais complexos nas RSSF heterogéneas porque as redes homogéneas têm a mesma configuração.

4.1.2 Caraterísticas das redes de sensores sem fios

- As redes de sensores sem fios são constituídas principalmente por sensores. Os sensores são de baixa potência, têm memória limitada e estão sujeitos a restrições de energia devido à sua pequena dimensão.
- As redes sem fios também podem ser instaladas em condições ambientais extremas e podem estar sujeitas a ataques inimigos.
- Têm de ser auto-organizadas e auto-curativas e podem ser objeto de reconfiguração constante.

4.1.3 Aplicações das redes de sensores sem fios

- Monitorização do ambiente/habitat
- Deteção acústica
- Vigilância militar
- Acompanhamento médico
- Espaços inteligentes
- Monitorização de processos

4. 2PROBLEMA DE ENCAMINHAMENTO DE VEÍCULOS

O problema de encaminhamento de veículos (VRP) é um problema NP-difícil bem conhecido na investigação operacional. O VRP encontra rotas entre um depósito e clientes com determinadas exigências, de modo a que o custo de transporte seja minimizado com o envolvimento do número mínimo de veículos, satisfazendo simultaneamente as restrições de capacidade. Com restrições adicionais, o VRP pode ser alargado para resolver diferentes problemas, sendo um dos mais importantes o problema de encaminhamento de veículos com janelas de tempo (VRPTW). Este problema ocorre frequentemente na distribuição de bens e serviços, em que um número ilimitado de veículos idênticos com capacidade pré-definida serve um conjunto de clientes com pedidos em diferentes intervalos de tempo.

O VRPTW tenta minimizar o custo total de transporte através do número mínimo de veículos, sem violar quaisquer restrições de tempo na entrega de mercadorias. Se não for necessário que os veículos regressem ao depósito e se as janelas de tempo forem substituídas por prazos, o VRPTW pode ser alargado ao problema aberto de encaminhamento de veículos com prazos (OVRP-TD). Sendo um problema NP-difícil, o OVRP-TD inspirou muitas heurísticas. No método de inserção mais próxima, o nó mais distante é escolhido primeiro para ser ligado a uma rota. Depois, repetidamente, cada nó selecionado escolhe o vizinho mais próximo ao qual ainda não foi atribuída uma rota e liga-se a esse vizinho. Este procedimento repete-se até que todos os clientes estejam ligados por rotas. A heurística de inserção por avanço (PFIH) seleciona repetidamente o cliente com o menor custo de inserção adicional como nó seguinte, até todos os clientes estarem ligados.

4. 3DETECÇÃO POR COMPRESSÃO

Uma vez encontradas as rotas utilizando o EDAL, a eficiência da recolha de dados é aperfeiçoada através de uma técnica emergente designada por deteção compressiva (CS). A CS é uma técnica através da qual os dados são comprimidos durante a sua transmissão para um determinado destino, explorando o facto de a maioria dos sensores nem sempre ter

dados válidos a comunicar quando recolhem amostras do ambiente, especialmente para nós implantados em ambientes estáveis com eventos raros e pouco frequentes a detetar.

O CS funciona da seguinte forma. Consideremos o caso em que existem nós que geram N segmentos de dados. Esses dados são K-esparsos, o que significa que apenas K deles é diferente de zero. Comprimir esses N segmentos de dados em M segmentos através de uma transformação linear, para reduzir o número de pacotes, onde K<M<<N. Formalmente,

$$y = \Phi x \tag{4.1}$$

Onde y é um vetor coluna M X 1, Φ é uma matriz, e x é um vetor coluna. Como M<<N, a recuperação de x a partir de y é um problema mal posto. No entanto, desde que M≥KlogV, x pode ser reconstruído com precisão e com uma probabilidade muito elevada através da minimização da norma Z_1 .

Uma vez que o CS promete uma maior eficiência energética e propriedades de equilíbrio do tempo de vida, foram propostos protocolos de recolha de dados para explorar o CS com vista a um melhor desempenho. Uma nova técnica de agregação de dados derivada do CS para minimizar o consumo total de energia através do encaminhamento conjunto e da agregação comprimida. Utilizou algoritmos de deteção compressiva e de otimização de enxame de partículas para construir árvores de agregação de dados e diminuir a taxa de comunicação.

Estes dois métodos são diferentes do EDAL na medida em que exigem que todos os nós contribuam com dados de deteção durante a fase de recolha de dados. Por outro lado, os métodos de encaminhamento aleatório multi-hop baseados em diferentes topologias de rede recolhem dados de um subconjunto de nós, o que constitui um cenário de aplicação semelhante ao da EDAL. No entanto, o EDAL consegue uma melhor eficiência energética porque optimiza o número de rotas construídas de modo a diminuir o número total de pacotes.

4.4 HEURÍSTICAS CENTRALIZADAS

O problema da recolha de dados com restrições de prazo é NP-hard, pelo que as soluções heurísticas centralizadas recentemente apresentadas reduzem o seu custo computacional.

Um algoritmo heurístico centralizado desenvolvido no EDAL requer a recolha de informação de cada nó para um nó centralizado. Uma meta-heurística centralizada que utiliza a pesquisa tabu para encontrar soluções aproximadas. Assume-se que os nós foram selecionados como fontes no início de cada período de recolha de dados. O algoritmo heurístico consiste em duas fases: a construção da rota, que encontra uma solução inicial de rota viável, e a otimização da rota, que melhora os resultados iniciais utilizando a técnica de otimização da pesquisa tabu.

4.4.1 Fase de construção do itinerário

Na fase de construção da rota deste algoritmo, é utilizado um algoritmo heurístico baseado no método RPFIH (revised push forward insertion). O algoritmo original de inserção por avanço foi modificado para se adaptar às necessidades das redes de sensores sem fios. No início do RPFIH, para cada nó, é encontrado o caminho de custo mínimo para o sumidouro. O RPFIH encontra então o nó que tem o maior custo de caminho para o sumidouro e seleciona progressivamente os nós candidatos com o menor custo de inserção adicional. Para cada nó candidato, a RPFIH também verifica a sua viabilidade, certificando-se de que o requisito de atraso global é cumprido. Se nenhum nó candidato puder garantir o atraso, a RPFIH inicializa uma nova rota com o nó que tem o maior custo de caminho para o sumidouro nas fontes restantes e repete este processo até que todas as fontes estejam ligadas ao sumidouro.

Finalmente, a RPFIH gera um conjunto de rotas encontradas como resultado final.

4.4.2 Fase de otimização do itinerário

Embora o RPFI gere uma lista de rotas, estas não são de modo algum óptimas no sentido do custo global e do atraso. Em seguida, optimizamos a solução inicial utilizando a pesquisa tabu. A pesquisa tabu é uma estratégia popular de pesquisa baseada na memória para orientar a pesquisa para além dos pontos óptimos locais. Especificamente, a busca tabu mantém as seguintes estruturas de dados. A lista de jogadas Tabu é uma fila de tamanho fixo para guardar as jogadas recentes, de modo a evitar problemas como a repetição e o ciclo.

A lista de candidatos é outra lista que armazena as melhores soluções encontradas até ao momento pelo processo de pesquisa, ordenadas pelo seu custo total de percurso. O número máximo de iterações é um parâmetro definido para garantir o fim das iterações. Na implementação da pesquisa tabu, é adaptado o método de intercâmbio de pesquisa local descendente (LSD), que utiliza uma inserção e troca sistemáticas de nós entre rotas para produzir mutações da solução atual. Podem ser trocados até 2 nós.

A pesquisa tabu explora o LSD em duas etapas: intensificação e diversificação. Na intensificação, o algoritmo implementa o procedimento LSD de 2 trocas em cada rota individualmente para encontrar a melhor ordem potencial de nós. A etapa de diversificação permite que o algoritmo procure fora do ótimo local, efectuando operações aleatórias de troca de 2 vias, de modo a encontrar melhores vias que sejam combinações das vias originais.

4.5 HEURÍSTICA DISTRIBUÍDA

Um problema com o algoritmo heurístico centralizado desenvolvido no EDAL é o facto de exigir a recolha de informações de cada nó para um nó centralizado. Em redes de sensores distribuídas, este passo implica normalmente uma sobrecarga adicional. Por conseguinte, é geralmente desejável distribuir a computação do algoritmo por nós individuais.

Assim, é desenvolvido um algoritmo heurístico distribuído para o EDAL: no início de cada período, cada nó de origem escolhe independentemente a rota mais eficiente em termos energéticos para encaminhar os pacotes. Este algoritmo baseia-se na otimização por colónia de formigas e no encaminhamento geográfico. É composto por duas fases: fofoca de estado e construção de rotas.

4.5.1 Fase de fofoca de estado

Na fase de fofoca do estado, cada nó fonte envia ants para a frente espalhando o seu estado atual, incluindo o seu nível de energia restante, para os nós fonte vizinhos dentro de hops. Entretanto, os dados de estado dos nós próximos são recolhidos por cada nó de origem com as formigas de retorno recebidas. Durante a fase de coscuvilhice, as formigas são encaminhadas com um protocolo de encaminhamento geográfico modificado, que escolhe o nó com o máximo de energia restante enquanto faz progresso geográfico em direção ao destino como o próximo salto.

Quando um nó recolhe informações sobre o estado de todas as suas fontes próximas, entra na fase de construção da rota e executa o RPFIH distribuído com base no estado dos vizinhos próximos recolhidos e na estimativa do estado dos nós fora da vizinhança imediata. Mais especificamente, o algoritmo funciona da seguinte forma. No início de cada período, cada nó fonte prevê quais os nós próximos que serão os nós fonte, com base na semente aleatória dada para cada nó próximo. De seguida, o nó gera formigas de avanço que visam cada um dos seus nós de origem próximos. O papel da formiga que avança é explorar o caminho e recolher informações ao longo da viagem, e o papel da formiga que recua é viajar de volta ao nó de origem e informar os seus nós de passagem para actualizarem os seus conhecimentos com as informações recolhidas.

Quando um nó de retransmissão recebe uma formiga de encaminhamento, seleciona o nó vizinho com mais energia restante para avançar para o destino como o próximo salto e envia a formiga. A formiga de avanço recolhe a informação sobre o estado e o nível de energia restante de cada nó encontrado ao longo do caminho. A formiga que regressa é libertada em menos de um de três casos. Em primeiro lugar, a formiga que avança encontra outra formiga enviada por outros nós de origem, onde trocam informações entre si imediatamente. Segundo, o alvo inicial da formiga foi alcançado e descobriu-se que se trata de um nó de origem. Terceiro, o alvo inicial é alcançado, mas não é um nó de origem. Em vez disso, um novo nó escolhido ao longo do caminho é-o. Em cada um destes casos, a formiga que regressa será enviada ao longo do caminho percorrido pela formiga que avança, e cada nó ao longo do caminho será atualizado com a informação recolhida pela formiga que regressa. Uma das vantagens da fofoca de colónia de formigas é que pode reduzir a informação recolhida pelos nós, tornando o estado recolhido mais relevante.

4.5.　2Fase de construção do itinerário

Um nó de origem será acionado para selecionar o próximo nó de destino ao receber um pacote de construção de rota ou ao ser selecionado como o nó mais distante do sumidouro. O algoritmo termina quando todos os nós de origem são incluídos na sua própria rota. Na fase de construção da rota, apenas a informação sobre o estado da vizinhança é tida em consideração para encontrar o caminho de custo mínimo entre nós de origem próximos. Para que a condição de prazo de cada nó não seja violada.

4.　6CONCEPÇÃO DO ALGORITMO

O algoritmo utilizado para a conceção é eficiente do ponto de vista energético e tem em conta as ligações da recolha de dados baseada em árvores de clusters. Este algoritmo tem duas fases diferentes: a fase de arranque e a fase de estado estacionário. A fase de configuração é utilizada para identificar o caminho ótimo entre o membro do agrupamento e o sumidouro. Efectua duas operações diferentes, a comunicação intra-agrupamento e a comunicação da árvore de recolha de dados (DCT). Na comunicação intra-agrupamento, o agrupamento elege o chefe de agrupamento com o valor limite e a comunicação DCT é utilizada para a formação da árvore. A fase de estado estável transfere os dados dos membros do agrupamento para o nó sumidouro.

4.6. 1Fase de arranque

A fase de configuração é efectuada com as operações de comunicação intra-agrupamento e de comunicação DCT. Numa comunicação intra-agrupamento, todos os nós sensores elegem o chefe do agrupamento com um valor limiar e formam um agrupamento com melhor tempo de ligação, RSS, tempo de cobertura e robustez de ligação. Após a comunicação intra-agrupamento, a comunicação DCT é iniciada para recolher os dados do seu chefe de agrupamento e, em seguida, encaminha o pacote de dados agregados para o sumidouro. Deixemos que todos os chefes de agrupamento estejam ligados ao nó de recolha de dados (DCN) e que todos os DCNs estejam ligados ao DCT.

Comunicação intra-agrupamento

Considerando as RSSF em grande escala, os nós sensores foram densamente implantados na região. Durante a fase de instalação, o sinal de beacon é utilizado para identificar a localização e a posição dos nós sensores. Uma vez identificados os nós próximos, o algoritmo de eleição do chefe de agrupamento é utilizado para eleger o chefe de agrupamento. A seleção do chefe de agrupamento baseia-se no valor limiar, no tempo de ligação, no tempo de cobertura e na robustez da ligação. Após a eleição do chefe do agrupamento, é iniciada a fase seguinte de formação do DCT.

Comunicação DCT

A fase de comunicação DCT começa mais tarde com a fase de comunicação intra-agrupamento. Numa comunicação intra-agrupamento, um nó sensor elege-se a si próprio como chefe de agrupamento para formar um agrupamento e, em seguida, o chefe de agrupamento é responsável pela recolha dos dados dos membros do seu agrupamento e pelas operações de manutenção do agrupamento (por exemplo, agregação/fusão de dados). O nó que tiver o máximo de energia pode ser selecionado como chefe de agrupamento para a ronda seguinte. Depois disso, inicia-se a formação de uma árvore que liga o cluster head e o sink. Agora, o sink inicia o processo de formação do DCT.

Com base na localização da cabeça do agrupamento e no tempo de ligação, são selecionados alguns números de nós como DCN (Data Collection Node) para gerar a DCT. É representado no algoritmo de construção da DCT. No entanto, não participa na deteção. A seleção do DCN não afecta a recolha de dados de um cluster correspondente. Deve ter um melhor tempo de ligação com o DCN mais próximo e com o chefe de agrupamento.

4.6. 2Fase de estado estacionário

Uma vez concluída a fase de configuração, inicia-se a fase de estado estacionário. Na fase de estado estacionário, todos os membros do agrupamento enviam os dados recolhidos para o chefe do agrupamento em

um intervalo de tempo atribuído. Em seguida, a cabeça do agrupamento começa a recolher e a agregar os dados dos membros do agrupamento. Entretanto, é iniciada a comunicação DCT, que utiliza o espetro de propagação de sequência direta para transferir os dados do chefe de agrupamento para o DCN e, em seguida, para o sumidouro. Aqui, o DCN é responsável por recolher e agregar os dados do chefe de agrupamento ou DCN correspondente.

4.7 VANTAGENS

- Reduz a utilização de energia
- Reduz o atraso de ponta a ponta
- Reduz o tráfego na cabeça do agrupamento

CAPÍTULO 5

FERRAMENTA DE SOFTWARE

5.1 NS2

É um simulador de eventos discretos e muito útil para analisar a natureza dinâmica da rede de comunicações. A figura mostra a arquitetura básica do NS2. O simulador NS2 baseia-se em duas linguagens: um simulador orientado para objectos escrito em c++ e o OTcl (uma extensão orientada para objectos do Tcl), um interpretador. O OTcl é utilizado para executar os scripts de comando dos utilizadores.

Estes scripts podem ser utilizados para definir topologias de rede, definir módulos e as suas relações, o protocolo que se pretende implementar e a aplicação que se pretende simular, bem como a forma de saída que se espera obter, etc. Após a simulação, pode gerar os resultados sob a forma de texto ou de animação. Para interpretar estes resultados de forma gráfica e interactiva, são utilizadas ferramentas adicionais como o NAM (Network AniMator) e o XGraph.

5.1.1 Caraterísticas do NS2

- Técnicas de gestão de filas de encaminhamento DropTail, RED, CBQ,
- Comportamentos da origem do tráfego - www, CBR, VBR
- Multicasting
- Encaminhamento
- Simulação de redes sem fios
- Rastreio de pacotes em todas as ligações/ligações específicas
- Topologia de rede
- Fluxo de pacotes
- Aplicações - Telnet, FTP, Ping

5.2 PRINCIPAIS   PASSOS DA SIMULAÇÃO NS2

Seguem-se as três etapas principais na definição de um cenário de simulação num NS2:

Etapa 1: Conceção da simulação Esta é a primeira etapa da simulação da rede, na qual o utilizador deve determinar o objetivo da simulação, a rede a simular e a sua configuração, os pressupostos a considerar, as medidas de desempenho e o tipo de resultados esperados.

Etapa 2: Configuração e execução da simulação Esta etapa é a implementação da primeira etapa. É constituída por duas fases:

-Fase de configuração da rede :   Esta é uma fase em que os componentes reais da rede, como o protocolo e os modelos, são criados e configurados de acordo com a primeira etapa. Também são programados diferentes eventos, como a transferência de dados, a hora de início e de paragem da simulação, etc.

-Fase de Simulação   :   Esta fase inicia a simulação de acordo com a configuração mencionada na Fase de Configuração da Rede. Mantém o relógio de simulação. E executa todos os eventos programados até que o valor limite do relógio seja atingido.

Etapa 3: Processamento pós-simulação Verificar a integridade do programa e avaliar o desempenho da rede simulada é a principal tarefa desta etapa. As duas primeiras etapas são implementadas utilizando as linguagens C++ e OTcl, como referido anteriormente. A etapa 3, que consiste em avaliar o desempenho da rede simulada, é também designada por Packet Tracing.

5.3 RASTREIO DE PACOTES

A principal atividade do rastreio de pacotes é registar os detalhes do fluxo de pacotes durante uma simulação, que é classificada como rastreio de pacotes baseado em texto e rastreio de pacotes NAM. Rastreio de pacotes baseado em texto Neste tipo de rastreio, são registados os detalhes do fluxo de pacotes através dos pontos de controlo da rede (por exemplo, nós e filas). A seguir

A figura mostra o formato de cada linha num ficheiro de rastreio normal em que 12 colunas formam uma linha.

Type Identifier	Time	Source Node	Destination Node	Packet Name	Packet Size	Flags	Flow ID	Source Address	Destination Address	Sequence Number	Packet Unique ID

Figura 5.1: Formato de cada linha de um ficheiro de rastreio.

Ter apenas o ficheiro de rastreio não seria suficiente, a menos que dele sejam extraídos dados significativos. Na fase de pós-análise, o utilizador pode extrair os dados de interesse e analisá-los de acordo com as suas necessidades. Por exemplo, a taxa de transferência média pode ser encontrada para uma ligação extraindo as colunas respectivas do ficheiro de traços. Outro exemplo poderia ser o tempo necessário para chegar ao destino de cada pacote. As duas linguagens mais populares para isso são AWK e pearl. Outro tipo de saída é a saída bascada em animação, que é criada utilizando o traço do Network AniMation (NAM). Este traço NAM regista os detalhes da simulação num ficheiro de texto e utiliza este ficheiro de texto para reproduzir a simulação sob a forma de animação.

1.4 NAM

O NAM fornece uma interpretação visual da topologia de rede criada. As suas caraterísticas são as seguintes.

- Fornece uma interpretação visual da rede criada
- Fornece uma interface de arrastar e largar para criar topologias.
- Pode ser executado diretamente a partir de um script Tcl
- Apresenta informações como o débito, o número de pacotes em cada ligação.

- Os controlos incluem reprodução, paragem, ff, rw, pausa, um controlador de velocidade do ecrã e um monitor de pacotes.

5. 5ANALISADOR DE DADOS DE RASTREIO

Esta secção descreve a aplicação XGraph utilizada para analisar ficheiros de rastreio produzidos a partir de uma simulação.

O Xgraph é uma aplicação X-Windows que inclui:

-Animação e derivados
-Traçado e gráficos interactivos

Para usar o XGraph no NS-2, o executável pode ser chamado dentro de um Script TCL. Isso carregará um gráfico que exibe visualmente as informações do arquivo de rastreamento produzido a partir da simulação.

5.6PRINCIPAIS PARÂMETROS UTILIZADOS NA SIMULAÇÃO DE REDES SEM FIOS

Vejamos alguns dos parâmetros utilizados na simulação de redes sem fios, juntamente com os seus valores predefinidos e disponíveis.

Protocolo de transporte: Protocolo de transporte utilizado pelo nó sensor. Os protocolos disponíveis são TCP e UDP (predefinição).

Protocolo de encaminhamento: Protocolo de encaminhamento utilizado pelo nó sensor. Os protocolos disponíveis são DSR, TORA, LEACH, Direted Diffusion, DSDV e AODV (predefinição).

Controlo de acesso ao meio (MAC): Controlo de acesso ao meio para o nó sensor. Uma vez que se trata de uma simulação de rede de sensores sem fios, o IEEE 802.11 é o MAC disponível.

Camada de ligação: Configuração da camada de ligação. Usa a configuração padrão da camada de link do NS-2 LL.

Camada física: Camada interfase de rede. São fornecidas duas configurações: uma que simula o nó sensor Crossbow Mica2 (predefinição) e outra que simula uma interface de rádio Lucent WaveLAN DSSS de 914 MHz.

Antena: Configuração da antena do nó sensor. É fornecida uma antena omnidirecional, centrada na posição do nó e 1,5 metros acima do solo.

Propagação de rádio: Modelo de propagação de rádio utilizado na simulação. Estão disponíveis quatro modelos: FreeSpace, Shadowing, ShadowingVis, TwoRayGround (predefinição).

Fila de espera de interface (IFQ): Fila de prioridade de interface. São fornecidos oito modelos de fila: DropTail (padrão), DropTail/XCP, RED, RED/Pushback, RED/RIO, Vq e XCP.

IFQ Length: número de mensagens armazenadas em buffer no IFQ. O utilizador deve fornecer este valor (50 mensagens por defeito).

Nome do traço: Nome do ficheiro de rastreio. Valor predefinido do nome da corrida \trace.tr".

Tamanho do cenário: Tamanho (em metros) do cenário de simulação. O utilizador deve preencher o comprimento dos lados do retângulo de simulação (100 x 100 metros por defeito).

Opções de rastreio: Opções de rastreio. Os botões de rádio são utilizados para definir o tipo de informação que deve ser armazenada no ficheiro de rastreio: TRACE-MAC, TRACE-ROUTE e TRACE-AGENT. Por defeito, as três opções estão definidas como \on".

CAPÍTULO 6

RESULTADOS E DISCUSSÃO

6.1 PARÂMETROS

O algoritmo heurístico centralizado seleciona o caminho de custo mínimo eficiente para o transporte. O algoritmo heurístico distribuído pode ser utilizado em aplicações de grande escala para recolher os dados para a estação de base. O desenho do algoritmo tem uma fase de configuração e uma fase de estado estável. Os vários parâmetros utilizados para a análise são apresentados no quadro seguinte,

Quadro 6.1 Representação de vários parâmetros

Parameter	Specification
Channel	Wireless Channel
Propagation Model	Two Ray Ground
Antenna	Omni Directional Antenna
Routing Protocol	DSDV
Initial Energy	1000
Total Number of nodes	39
Medium Access Control	Wireless LAN 802.11
Traffic	cbr (UDP)

6.2 RESULTADOS DA SIMULAÇÃO

Nas redes de sensores sem fios heterogéneas, os nós têm prazos diferentes. Os pacotes da fonte são transmitidos dentro do valor do prazo de um determinado nó. A parte de simulação pode ser inicializada com a criação de nós. Após o processo de criação de nós, é eleito um chefe de grupo para cada grupo. Os membros do agrupamento enviam os pacotes para o chefe do agrupamento. A cabeça do cluster é diferente em cada ronda. A mudança da cabeça do cluster depende do valor da energia. O nó de recolha de dados recebe o pacote da cabeça do agrupamento e transmite-o ao nó de drenagem. O nó de recolha de dados pode também receber os pacotes de outros nós de recolha de dados. A simulação foi efectuada no software NS2.

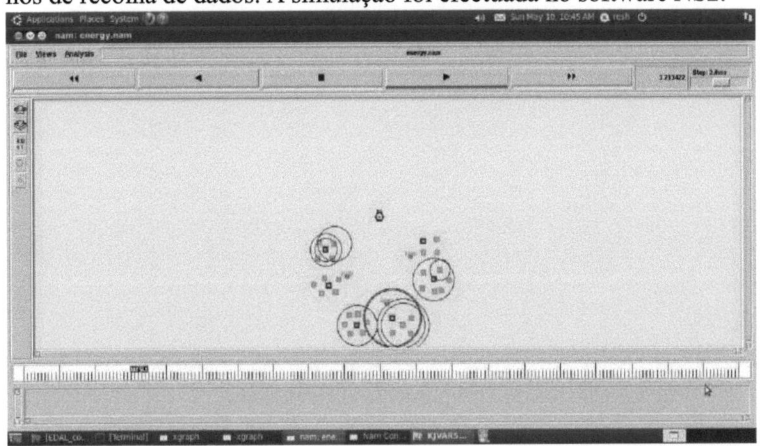

Fig 6.1 Cabeças de agrupamento e nós móveis de recolha de dados

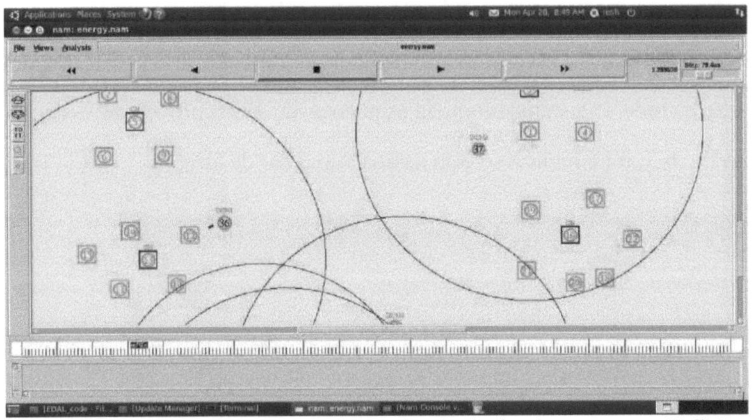

Fig 6.2 Transmissão do chefe de cluster para a DCN

Na fig. 6.1, cada cluster elege inicialmente um chefe de cluster para receber os pacotes dos membros do cluster. Os nós de cor azul são designados como chefes de agrupamento. Os nós de recolha de dados são os nós móveis que recolhem os dados dos chefes de agrupamento. São marcados como nós de cor verde.

Na fig. 6.2, os membros do agrupamento transmitem os pacotes ao chefe do

agrupamento e, neste caso, um nó de recolha de dados é comum a dois agrupamentos.
O nó de recolha de dados recebe pacotes de dois chefes de agrupamento.

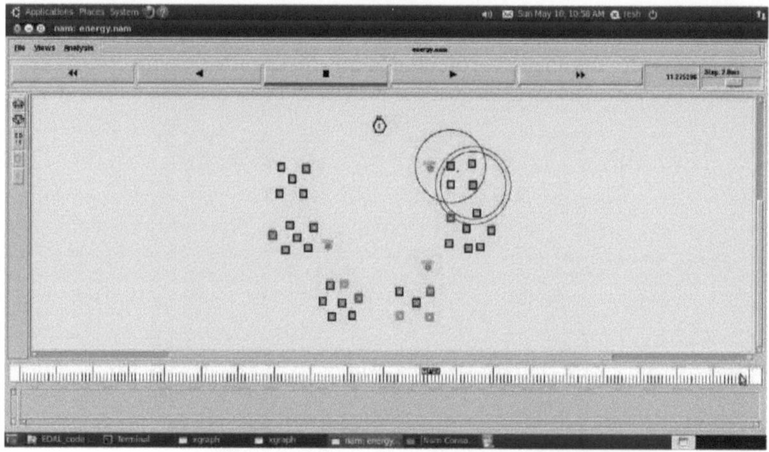

Fig 6.3 Cabeça de agrupamento diferenciada

A cabeça do agrupamento é alterada em cada ronda. As mudanças podem depender do nível de energia. Numa determinada ronda, o chefe do agrupamento pode mudar para outro nó que tenha o nível máximo de energia. Pode haver a possibilidade de um nó malicioso na rede. O sistema bloqueia os pacotes de dados provenientes desse nó malicioso. Na fig. 6.3, o nó malicioso está assinalado a cor de laranja.

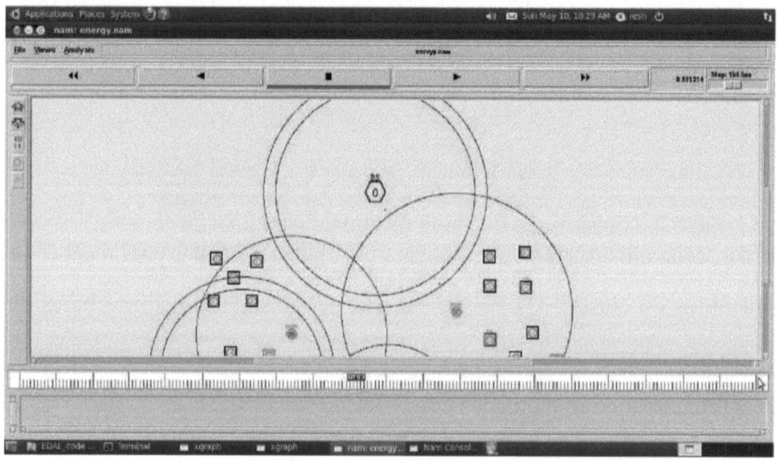

Fig 6.4 Transmissão do DCN para o nó sumidouro

Na fig. 6.4, o nó de recolha de dados recebe os pacotes dos membros do cluster e transmite-os para o nó de drenagem. O nó de recolha de dados também pode receber o pacote de outro nó de recolha de dados. Na figura, este nó é assinalado como nó de cor azul.

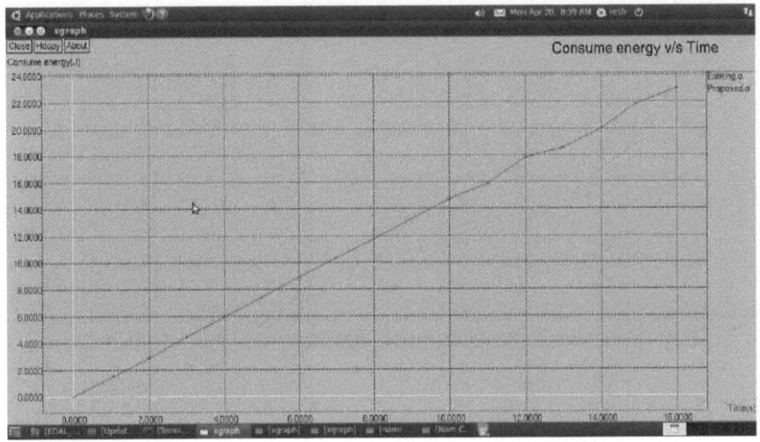

Fig 6.5 Consumo de energia

A Fig. 6.5 compara o consumo de energia em relação ao tempo do sistema existente e do sistema proposto. As alterações da cabeça de agrupamento no sistema proposto reduzem o consumo de energia. A cor vermelha na figura refere-se ao sistema existente e a cor verde ao sistema proposto.

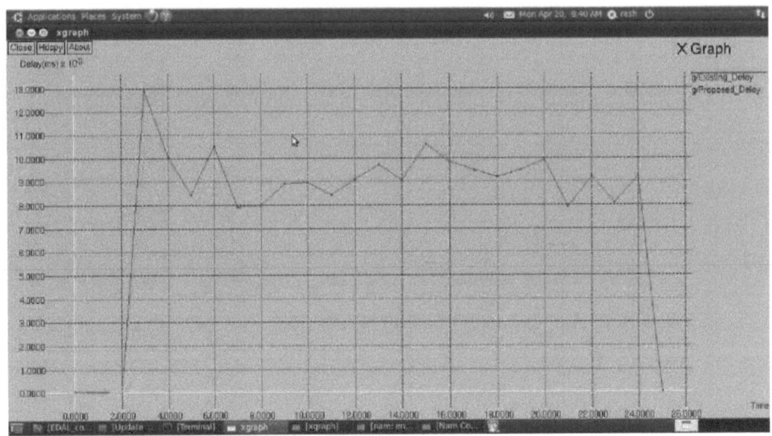

Fig 6.6 Atraso

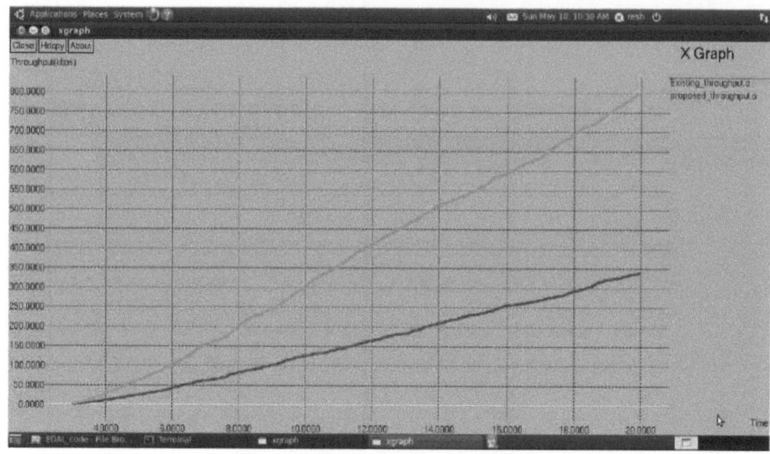

Fig 6.7 Taxa de transferência

A Fig. 6.6 compara o gráfico do atraso em relação ao tempo do sistema existente e do sistema proposto. A transmissão direta para o nó de recolha de dados reduz o atraso no sistema proposto.

A taxa de transferência refere-se à quantidade de pacotes recebidos com êxito no nó de ligação. Nesta figura, a cor verde é definida como o sistema proposto e a cor vermelha é definida como o sistema existente. O sistema proposto proporciona um melhor rendimento do que a rede existente.

Assim, o sistema proposto proporciona uma melhor taxa de transferência, um atraso reduzido e um menor consumo de energia na rede.

CAPÍTULO 7

CONCLUSÃO

Tendo em conta o aumento do impacto das RSSF em aplicações civis e militares em tempo real, é necessário um maior número de nós sensores para monitorizar as áreas de grande escala. Neste projeto, o sistema proposto constrói uma arquitetura de gestão de rede baseada na mobilidade para as RSSF, a fim de explorar o tempo de vida da rede, o tempo de ligação e o débito dos nós sensores móveis, enquanto cada membro do agrupamento escolhe a cabeça do agrupamento com melhor tempo de ligação e encaminha os pacotes de dados para a cabeça do agrupamento correspondente numa faixa horária atribuída. Do mesmo modo, o nó de recolha de dados transmite o pacote para o nó de drenagem com um tempo de atraso reduzido.

REFERÊNCIAS

[1] O. Braysy e M. Gendreau (2005), "Vehicle routing problem with time windows, Part I: Route construction and local search algorithms," Transport. Sci., vol. 39, no. 1, pp. 104-118.

[2] C. Caione, D. Brunelli, e L. Benini (2012), "Distributed compressive sampling for lifetime optimization in dense wireless sensor networks," IEEE Trans. Ind. Inf., vol. 8, no. 1, pp. 30-40.

[3] Calalettin, Ali Cafer e Bulent (2013), "Analysis of Energy Efficient of Compressive Sensing in Wireless Sensor Networks", IEEE Jml, Vol.13 No5.

[4] Gurpreet Singh Chhabra, Dipesh Sharma (2011), "Cluster-Tree based Data Gathering in Wireless Sensor Network", ISSN: 2231-2307, Volume-1, Issue- 1.

[5] L. Liu, X. Zhang, e H. Ma (2010), "Optimal node selection for target localization in wireless camera sensor networks," IEEE Trans. Veh.Technol., vol. 59, no. 7, pp. 3562-3576.

[6] C. Luo, J. Sun, F. Wu, e C. W. Chen (2009), "Compressive data gathering for large-scale wireless sensor networks," in Proc. ACM MobiCom, pp. 145156.

[7] Ming Liu , Jiannong Cao, Guihai Chen e Xiaomin Wang (2009), "An Energy-Aware Routing Protocol in Wireless Sensor Networks", ISSN 14248220.

[8] Oualid Demigha, Walid-Khaled Hidouci, e Toufik Ahmed (2013), "On Energy Efficiency in Collaborative Target Tracking in Wireless Sensor Network: A Review", *IEEE, Communications Surveys & Tutorials, vol.15, no.3, pp.1210-1222.*

[9] M. M. Solomon (1987), "Algorithms for the vehicle routing and scheduling problems with time window constraints", Oper. Res., vol. 35, no. 2, pp. 254265.

[10] Tiago, Carlos, Jorge e Fermando (2006), "An Energy-Efficient AntBased Routing Algorithm for Wireless Sensor Networks" in *Proc.* CollaborateCom, pp.1-7

[11] Tsung, Wei-Chi, Chunlei e Min-Te (2013), "Distributed Compressive Data Aggregation in Large-Scale Wireless Sensor Networks", Jnrl of adv in CompNetwork, vol. 1, No4.

[12] Yanjun, Qing e Athanasios (2014), "EDAL: An Energy-Efficient, Delay-Aware, and Lifetime-Balancing Data Collection Protocol for Heterogeneous Wireless Sensor Networks," IEEE Trans.Vol.PP,Issue 99.

[13] H. Zheng, S. Xiao, X. Wang e X. Tian (2012), "Energy and latency analysis for in-network computation with compressive sensing in wireless sensor networks," in Proc. IEEE INFOCOM, pp. 2811-2815.

[14] H. Zheng, S. Xiao, X.Wang e X. Tian (2011), "On the capacity and delay of data gathering with compressive sensing in wireless sensor networks," in Proc. IEEE GLOBECOM, pp. 1-5.

[15] Velmani Ramasamy, Kaarthick Balakrishnan (2013), "An Efficient Cluster-Tree based Data Collection Scheme for Large Mobile Wireless Sensor Networks", JSEN.2014.2377200, IEEE Sensors Journal.

[16] R. Velmani e B. Kaarthick (2014), "An Energy Efficient Data Gathering in Dense Mobile Wireless Sensor Networks", Hindawi Publishing Corporation, ISRN Sensor Networks.

I want morebooks!

Buy your books fast and straightforward online - at one of world's fastest growing online book stores! Environmentally sound due to Print-on-Demand technologies.

Buy your books online at
www.morebooks.shop

Compre os seus livros mais rápido e diretamente na internet, em uma das livrarias on-line com o maior crescimento no mundo! Produção que protege o meio ambiente através das tecnologias de impressão sob demanda.

Compre os seus livros on-line em
www.morebooks.shop